『그리는 수학』은 연필을 올바르게 잡는 것부터 시작합니다.

연필을 엄지손가락과 집게손가락 사이에 끼우고 가운뎃손가락으로 연필을 받칩니다. 연필을 바르게 잡으면 손가락의 움직임으로만 연필을 사용할 수 있고 손날 부분이 종이에 닿아 손 전체를 지지해 줍니다.

연필을 바르게 잡는 방법

오른손으로 연필 잡기

왼손으로 연필 잡기

❶ 엄지손가락과 집게손가락을 둥글게 하여 연필을 잡습니다.
❷ 가운뎃손가락으로 연필을 받칩니다.

선을 긋거나 글씨를 쓰는 속도와 가독성, 지속성을 향상시키려면 처음부터 연필을 바르게 잡는 것이 매우 중요합니다. 유아는 소근육의 발달 미흡, 경험 부족, 교정 부족 등 다양한 이유로 연필을 잘못 잡기도 합니다. 만 4세부터 만 6세 사이에 연필을 잘못 잡는 습관을 들이면 이후에 고치기가 어려우므로 연필 잡는 방법을 가능한 빨리 수정하는 노력이 필요합니다.

연필을 잘못 잡으면 손, 손목, 팔 근육이 피로할 뿐만 아니라 글을 쓰는 동안 시야가 가려져 학습 장애로 이어질 수 있습니다. 따라서 손 근육이 적절하게 발달된 유아는 처음부터 연필을 바르게 잡는 습관을 가져야 합니다.

연필을 처음 사용하는 유아는 펜슬 그립(Pencil Grip)을 사용하는 것이 도움이 되기도 합니다. 펜슬 그립을 사용하면 선을 긋는 미세한 조작과 제어 능력을 향상시키는 데 유용할 수 있습니다.

추천사

요즘 아이들은 수학 교재를 많이 경험해서 연산은 매우 잘합니다. 하지만 규칙, 공간, 도형 영역은 잘 이해하지 못하는 아이들이 제법 있습니다. 수학은 연산만으로 이루어진 학문이 아니기 때문에 이러한 부분도 중요합니다.

『그리는 수학』은 아이들이 수학 전반에 대한 흥미를 높이고, 창의력과 논리력을 향상시키는 데 도움을 줍니다. 또한 아이들이 스스로 문제를 해결하는 과정에서 수학에 대한 흥미와 재미를 느낄 수 있고, 자신감과 성취감을 얻을 수 있도록 구성되어 있습니다. A단계, B단계, C단계의 문제들은 아이들의 연령, 발달 단계와 수준에 맞게 구성되어 있습니다. 부모와 아이가 함께 교재를 활용하면 더욱 효과적인 학습이 이루어질 수 있습니다.

『그리는 수학』을 통해 아이들이 수학의 기초를 단단히 다지고 수학에 흥미와 재미를 느낄 수 있으면 좋겠습니다.

지효정 (사동초등학교 교사, 한 아이 엄마)

베타 테스트

저는 아이가 만 3세였을 때부터 아이와 함께 다양한 연산 문제집을 풀어 왔습니다. 하지만 『그리는 수학』의 문제를 보면서 유아 수학에도 연산은 물론이고, 도형, 수, 규칙과 공간 등 다양한 커리큘럼이 필요하다는 것을 알게 되었습니다.

아이와 함께 『그리는 수학』의 '규칙과 공간' 문제를 푼 후 놀이터를 방문했는데, 아이가 시소와 그네를 보고 규칙을 이야기하는 걸 보고 놀랐습니다. 이 일로 『그리는 수학』이 유아 수학을 공부하는 데 매우 유용하다는 것을 느끼게 되었습니다. 이제는 아이와 함께 『그리는 수학』을 통해 수학의 다양한 개념을 배우고, 이를 일상생활에서도 적용해 보려고 합니다.

임지연 (만 4세 자녀를 둔 부모)

유아 수학에서 '수학적 그리기'는 중요한 활동이자 문제를 해결하는 과정입니다.

유아 수학은 자연스러운 체험과 능동적인 경험을 통해 수학적 원리와 개념을 하나씩 하나씩 정립하는 것이 중요합니다.

처음 수학을 시작하는 유아들에게 수학적 그리기를 효과적으로 활용하면 자연스럽게 모양과 공간을 추론하고, 수(數)와 양(量)을 정확하게 표현하며, 규칙을 찾고 문제를 해결하는 데 도움이 됩니다. 나아가 질문의 이해도를 높이며 문제 해결을 위한 다양한 전략을 활용하는 능력을 향상시킵니다.

『그리는 수학』에서는 수학적 그리기를 체계적으로 활용하여

1) 도형의 개념을 자연스럽게 이해하고
2) 수(數)와 양(量)의 개념을 정확하게 그림으로 표현하고
3) 다양한 규칙을 찾고 응용하며
4) 문제 해결 방향에 알맞게 과정을 잘 그리는 것까지 효과적으로 학습합니다.

수학적 그리기 효과!

| 모양과 공간 추론하기 | 수(數), 양(量) 표현하기 | 규칙 찾기, 문제 해결 | 질문 이해, 전략 할용 |

스스로 몸으로 익히고 배우는 유아 수학 책『그리는 수학』

초등 수학과 유아 수학의 학습 방법은 달라야 합니다.

일반적으로 초등 수학은 수학적 개념을 배우고 개념과 관련된 기초 문제를 풀고 응용 문제를 해결하는 순서로 학습합니다. 하지만 수학을 처음 시작하는 유아에게는 개념을 배우는 과정에 앞서 자연스러운 관찰과 반복되는 활동을 통해 개념을 인지하는 기초 과정이 필요합니다.

자전거를 타는 방법을 배웠다고 해서 실제로도 잘 탄다고 할 수는 없습니다. 직접 자전거를 타는 경험을 통해 몸으로 그 감각을 익히듯이 『그리는 수학』은 유아 스스로 관찰하고 선을 긋고 색을 칠하고 문제를 해결하는 경험을 통해 개념과 원리를 자연스럽게 익히고 배우게 하는 체계적이고 과학적인 유아 수학 책입니다.

유아 수학은 학습 방법이 다르다!

정확한 개념과 원리, 꽉 찬 커리큘럼의 제대로 된 유아 수학 책『그리는 수학』

수학을 처음 시작하는 유아에게 가장 중요한 것은 정확한 수학 개념을 바르게 알려 주는 것입니다.

유아에게 수학에 대한 즐거운 경험과 재미를 주는 것은 중요합니다. 하지만 그보다 더욱 중요한 것은 정확한 개념을 바르게 학습할 수 있도록 안내해 주는 것입니다.『그리는 수학』은 최신 개정된 수학 교과과정을 치밀하게 분석하고 정확하게 해석하여 재미있는 경험은 물론 정확한 개념과 원리를 학습할 수 있도록 개발되었습니다.

대부분의 유아 수학은 '수와 연산' 영역으로 편중되어 있는 것이 현실입니다. 한 영역으로 편중된 학습은 무의미한 반복을 만들기도 하고, 수학 내 타 영역과의 학습 격차를 형성하기도 합니다.『그리는 수학』에서는 1) 도형으로 시작하여 2) 수를 배우고 3) 규칙과 공간으로 추론 능력을 기르고 4) 연산을 통해 수의 활용을 배웁니다. 부족함 없이 꽉 찬 체계적인 커리큘럼이 수학을 시작하는 유아의 커다란 자양분이 될 것입니다.

꽉 찬 커리큘럼
『그리는 수학』!

도형　　수　　규칙과 공간　　연산

연필 잡는 훈련부터 '완북' 할 수 있는 유아 수학 책『그리는 수학』

연필을 바르게 잡고 선을 그어 보는 활동으로 시작해서 '완북'으로 마무리합니다.

어려운 수학 문제를 풀기보다는 스스로 관찰하고 직접 그려 보고 색을 칠하는 활동을 통해 정확한 개념을 인지하는 것에 중점을 두었습니다.

유아 수학은 유아에게 수학에 대한 좋은 기억을 심어 주고 스스로 문제를 해결하는 과정에서 성취감과 자신감을 갖게 해 주어야 합니다.

『그리는 수학』은 한 문제 한 문제, 한 권 한 권을 끝냈을 때 쌓이는 성취감이 수학에 대한 자신감으로 이어질 수 있도록 개발되었습니다.

연필을 바르게 잡고,
완북으로 마무리!

그리는 수학과 선 긋기

삐뚤빼뚤 선을 그어도 괜찮습니다. 점선을 따라 정확하게 긋지 않아도 괜찮습니다. 경험과 연습이 쌓이면 자연스럽게 미세 근육이 발달하고 도형을 그리거나 숫자를 쓰는 정확성이 향상됩니다.

곧은 선, 굽은 선 긋기부터 시작하여 기본 도형 그리기, 숫자 쓰기로 이어지기까지 모양과 숫자를 인지하는 가장 좋은 방법은 관찰하고 직접 그려 보는 것입니다. 유아 수학에서는 점선을 따라 그리기에서 관찰하여 똑같이 그리기, 인지하고 있는 모양을 기억하여 그리기 등 다양한 그리기 활동을 합니다.

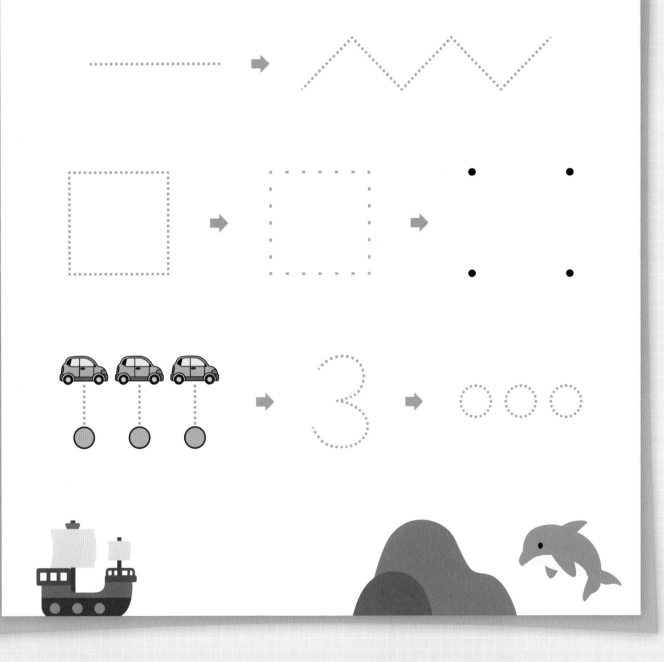

『그리는 수학』의 전체 구성과 단계 선택 도움말

	도형	수	규칙과 공간	연산
A단계 (만 3~4세)	기본 모양 알기	5까지의 수	모양, 색깔, 크기	여러 가지 세기
B단계 (만 4~5세)	전체와 부분	9까지의 수	규칙과 방향	9까지의 덧셈과 뺄셈
C단계 (만 5~6세)	모양의 특징	20까지의 수	시계와 규칙	10이 넘는 덧셈과 뺄셈

단계 선택 도움말

- 추천 연령보다 한 단계 아래에서 시작하여 현재 단계를 넘어서는 것을 목표로 합니다.
- '도형 - 수 - 규칙과 공간 - 연산' 순서대로 차근차근 학습합니다.
- 아이가 권장 학습량을 잘 따라와 준다면 다음 단계로 넘어가도 좋습니다.
- 커리큘럼이 갖춰진 수학 학습을 처음 시작하는 아이라면 'A단계 도형'부터 시작합니다.

『그리는 수학』 B단계 구성

도형

수

규칙과 공간

연산

1단원: □, △, ○

2단원: ⬠, ⬡, ○

3단원: 전체와 부분

1단원: 9까지의 수

2단원: 개수 세기

3단원: 큰 수, 작은 수

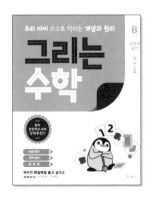

1단원: 속성 찾기

2단원: 규칙 찾기

3단원: 앞, 뒤, 옆

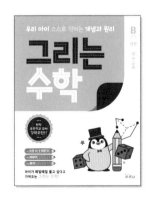

1단원: 1 큰 수, 1 작은 수

2단원: 더하기

3단원: 빼기

『그리는 수학』 B단계 규칙과 공간 **구성과 차례**

『그리는 수학』은 3개의 단원으로 구성되어 있고 단원별로 4개의 STEP이 있습니다.
STEP 1부터 STEP 4까지 각 단원에서 배우는 개념과 내용을 다양한 방법을 활용하여 그리고 색칠하면서
학습하고 배운 내용을 확인합니다.

p.10~11

p.28~29

p.46~47

세 단원을 잘 마무리하면 다양한 그림을 그리면서
아이의 상상력과 집중력, 창의력을 길러 주는
DRAW MATH를 만나게 됩니다.

p.64~65

『그리는 수학』 이렇게 학습하세요. **효과 200% UP**

○ 단원의 학습 목표와 배울 내용을 안내합니다.
아이에게 정확한 개념과 원리를 안내해 줄 수 있도록
선생님이나 부모님께서 차근차근 읽어 주세요.

○ 한 STEP의 학습 내용과 방법을 안내하고,
주의할 점을 확인합니다.

『그리는 수학』의 1일 학습 권장량은 4쪽, 즉 하나의 STEP입니다.

일주일에 2번, 2개의 STEP을 학습하여 2주 동안 한 단원을 학습하는 것을 목표로 해 주세요.

일주일 학습량: 2개의 STEP (8쪽)

한 권은 6주, 한 단계(4권)는 6개월 동안 학습할 수 있습니다.

아이가 잘 따라와 준다면 다음 단계로 넘어가도 좋습니다.

속성 찾기

사물의 특징을 속성이라고 합니다.

모양이 ◯ 인 것은 ●, ● 입니다.

색깔이 파란색인 것은 ★, ♥ 입니다.

속성은 사물의 특징으로 자료를 모으고 분류하는 기준이 됩니다. 사물의 여러 가지 속성을 알고 구분할 수 있으면 사물을 분류할 때 분명한 기준을 세울 수 있습니다. 이 단원에서는 사물을 분류하기에 앞서 모양, 색깔 등의 속성을 알아보고 어떤 한 가지 속성이 같은 것을 찾아 짝 지어 봅니다. 또한 사물의 모양, 색깔뿐만 아니라 다양한 속성도 함께 알아봅니다.

와 **모양**이 같은 것을 찾아 모두 색칠해 보세요.

와 **모양**이 같은 것을 찾아 모두 색칠해 보세요.

주어진 깃발과 **모양**이 같은 깃발에 모두 ◯표 하세요.

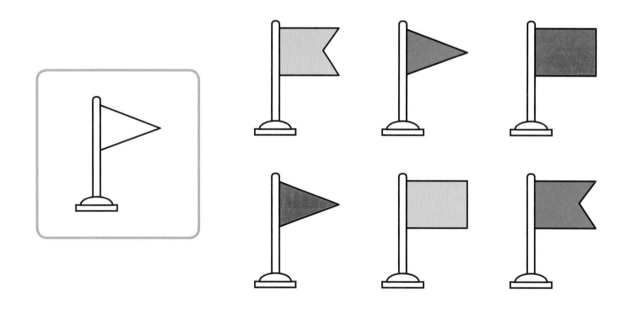

모양이 같은 깃발끼리 이어 보세요.

색깔이 같은 꽃끼리 묶어 보세요.

색깔이 같은 풍선끼리 묶어 보세요.

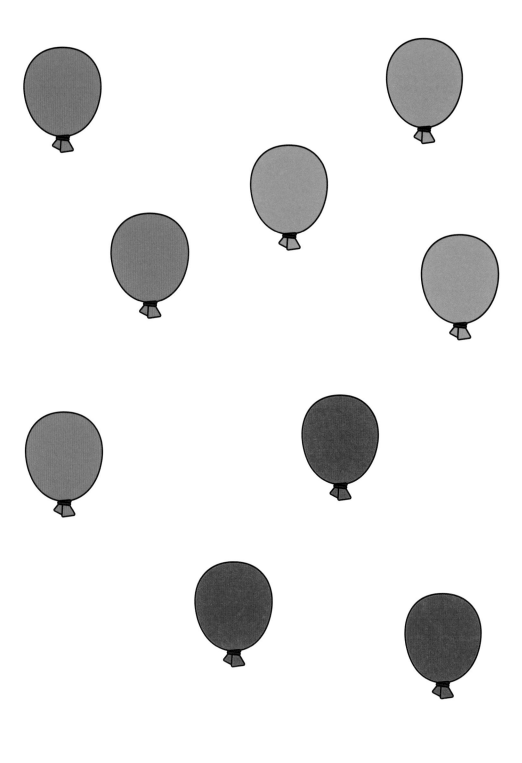

주어진 **색깔**의 블록을 찾아 모두 ◯표 하세요.

색깔이 같은 블록끼리 이어 보세요.

와 **모양**이 같은 나무를 찾아 모두 ◯표 하세요.

와 **색깔**이 같은 나무를 찾아 모두 ◯표 하세요.

모양이 같은 것끼리 이어 보세요.

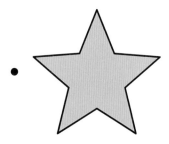

색깔이 같은 것끼리 이어 보세요.

여러 가지 속성

날개가 있는 동물을 찾아 모두 색칠해 보세요.

어울리지 않는 동물 하나를 찾아 ✕표 하세요.

바퀴가 있는 탈것을 찾아 모두 색칠해 보세요.

어울리지 않는 탈것 하나를 찾아 ✕표 하세요.

2 규칙 찾기

배열된 그림에서 반복되는 부분을 찾을 수 있습니다.

, , 이 반복됩니다.

수학에서 규칙성이 중요한 이유는 수, 도형, 측정 등을 간접적으로 학습하여 수학의 영역들을 서로 관련지을 수 있고, 반복되는 부분을 찾고 관찰함으로써 수학적 의사소통 능력을 향상시켜 주기 때문입니다.

A단계에서 반복되는 부분이 주어졌을 때 규칙에 따라 배열해 보았다면 이 단원에서는 배열된 그림을 관찰하여 그림에서 반복되는 규칙이 무엇인지 찾아봅니다.

로 묶은 부분이 반복됩니다. 반복되는 부분을 로 묶어 보세요.

,   ,   가 반복됩니다.

로 묶은 부분이 반복됩니다. 빈칸에 알맞은 모양을 그려 보세요.

□, ○ 가 반복됩니다.

로 묶은 부분이 반복됩니다. 빈칸에 알맞은 크기의 모양을 그려 보세요.

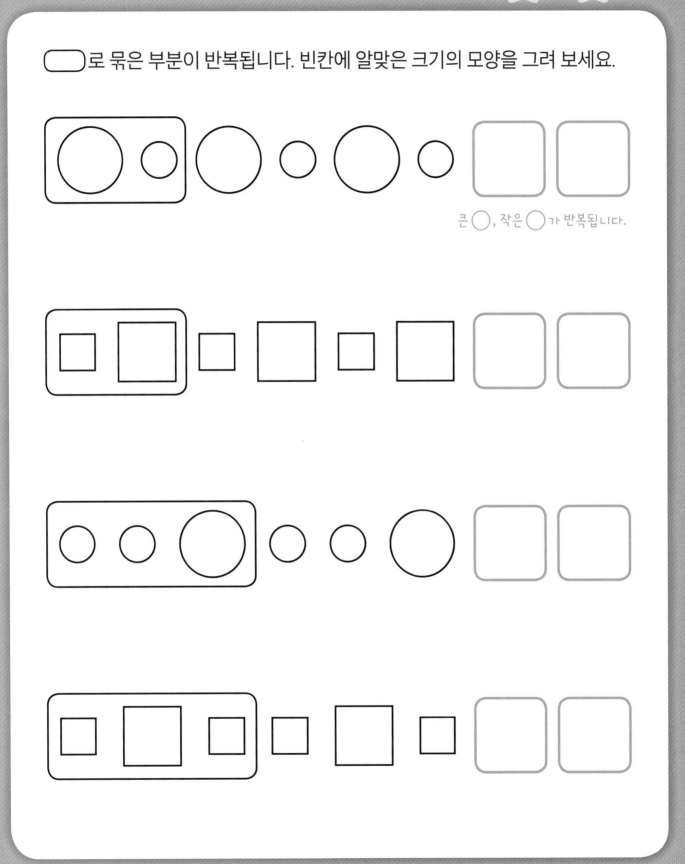

큰 ◯, 작은 ◯가 반복됩니다.

반복되는 부분 찾기

반복되는 부분을 찾아 /을 그어 구분해 보세요.

큰 풍선, 작은 풍선이 반복됩니다.

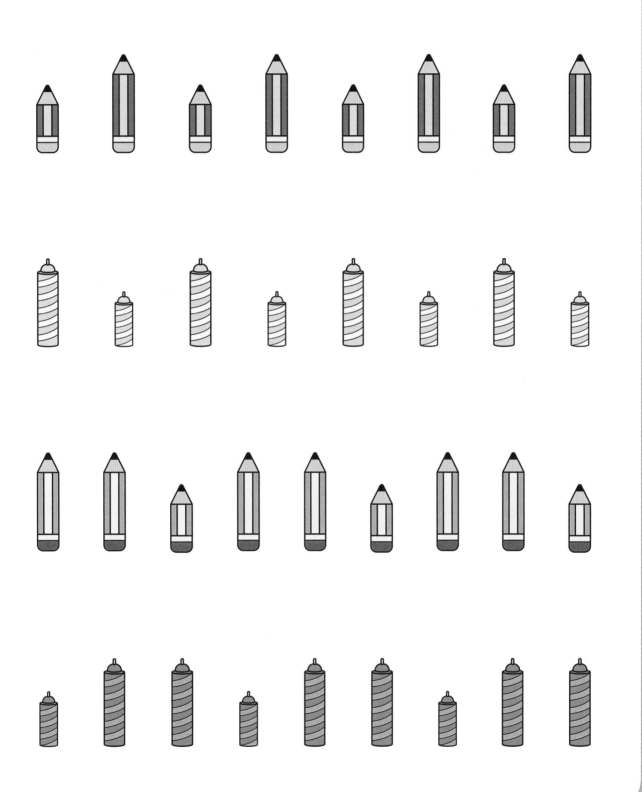

반복되는 부분을 찾고 규칙에 따라 모양을 이어서 그려 보세요.

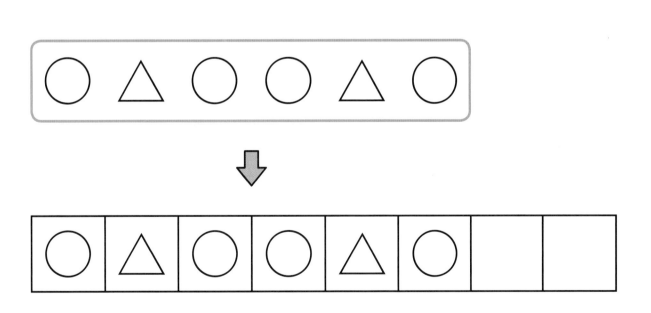

규칙 완성하기 1

규칙에 따라 **?**에 들어갈 모양을 찾아 이어 보세요.

 •　•

 •　•

 •　•

규칙에 따라 **?**에 들어갈 모양을 찾아 이어 보세요.

규칙에 따라 빈칸에 알맞은 모양을 그려 보세요.

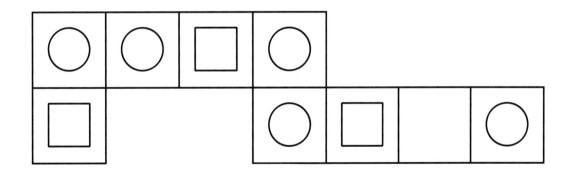

규칙 완성하기 2

규칙에 따라 알맞게 이어 보세요.

규칙에 따라 알맞게 색칠해 보세요.

규칙에 따라 알맞게 색칠해 보세요.

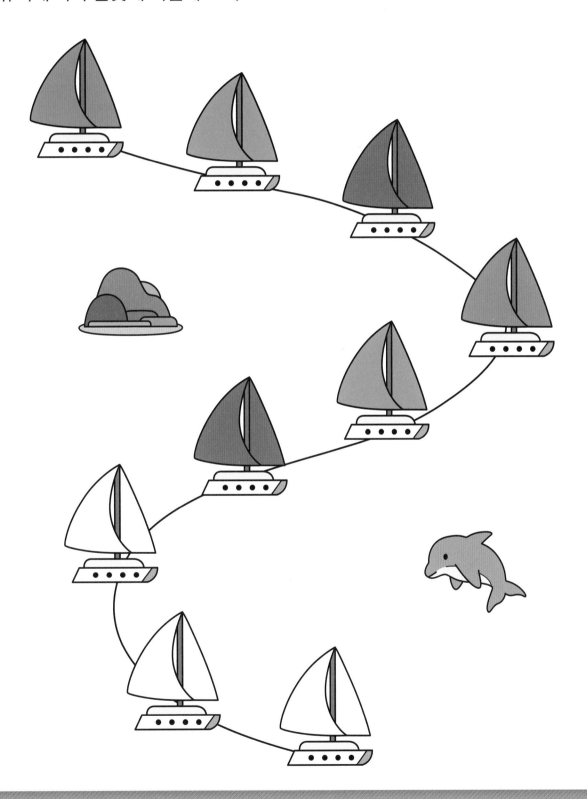

3 앞, 뒤, 옆

서 있는 방향이 달라지면 나를 중심으로 하는 앞, 뒤, 옆이 달라집니다.

하나의 대상을 기준으로 앞, 뒤, 옆을 알아봅니다. 기준과 방향에 따른 위치를 인식하는 것은 공간 감각을 발달시키는 기초 활동으로, 나와 주변 사람 또는 사물과의 관계를 인식하는 시작 단계입니다.

서 있는 방향이 달라지면 기준에 따른 앞, 뒤, 옆이 바뀝니다. 지면 활동으로만 기준에 따른 방향을 인식하는 것은 어려우므로 아이가 서서 아이를 기준으로 앞, 뒤, 옆을 가리켜 보고, 방향을 바꾸어서 다시 아이를 기준으로 앞, 뒤, 옆을 가리켜 보는 활동을 같이 해 보면 기준에 따른 방향을 이해하는 데 도움이 됩니다.

기준에 따른 방향 1

사자를 중심으로 **사자 앞을** 🖍으로 색칠해 보세요.

사자를 중심으로 **사자 뒤**를 으로 색칠해 보세요.

사자를 중심으로 **사자 옆**을 모두 🖍으로 색칠해 보세요.

호랑이를 중심으로 **호랑이 옆**에 있는 나무를 모두 색칠해 보세요.

기준에 따른 방향 2

자동차를 중심으로 **자동차 앞**을 ✏️으로 색칠해 보세요.

자동차를 중심으로 **자동차 뒤**를 으로 색칠해 보세요.

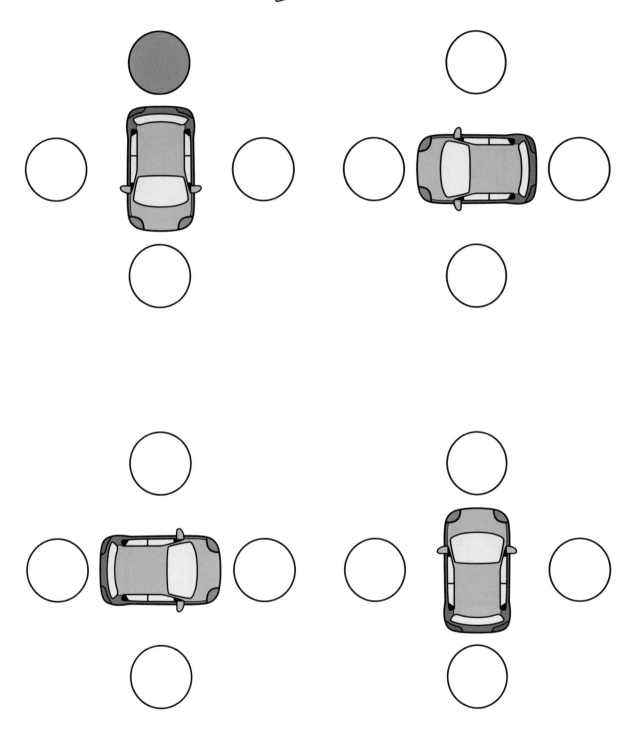

자동차를 중심으로 **자동차 옆**을 모두 ✏️으로 색칠해 보세요.

트럭을 중심으로 **트럭 옆**에 있는 자동차를 모두 색칠해 보세요.

양을 중심으로 **양 앞**에 서 있는 동물에 ◯표 하세요.

토끼를 중심으로 당근이 어디에 있는지 알맞게 선을 그어 보세요.

앞에

뒤에

옆에

앞에

기차가 달리는 방향을 잘 살펴보면서 🚃 **뒤**에 있는 칸을 색칠해 보세요.

소방차를 중심으로 경찰차가 어디에 있는지 알맞게 선을 그어 보세요.

앞에

뒤에

뒤에

옆에

STEP 4 건물의 위치

그림을 보고 주어진 방향에 있는 건물에 ◯표 하세요.

그림을 보고 주어진 방향에 있는 건물에 ◯표 하세요.

그림을 보고 주어진 방향에 있는 건물을 찾아 이어 보세요.

 앞 •   •

 옆 •   •

그림을 보고 주어진 방향에 있는 건물을 찾아 모두 이어 보세요.

 뒤 •

 옆 •

달 모양을 그려요

점선을 따라 여러 가지 달 모양을 그려 보세요.

자유롭게 달 모양을 완성해 보세요.

정답

1. 속성 찾기

P.12~13

P.14~15

P.16~17

P.18~19

P.20~21

P.22~23

P.24~25

STEP 4 여러 가지 속성

날개가 있는 동물을 찾아 모두 색칠해 보세요.

어울리지 않는 동물 하나를 찾아 ✕ 표 하세요.

다른 동물은 모두 땅에서 사는 데 돌고래는 바다에서 삽니다.

P.26~27

바퀴가 있는 탈것을 찾아 모두 색칠해 보세요.

어울리지 않는 탈것 하나를 찾아 ✕ 표 하세요.

다른 탈 것은 모두 땅에서 이용하는 데 비행기는 하늘에서 이용합니다.

2. 규칙 찾기

P.30~31

STEP 1 규칙 관찰하기

로 묶은 부분이 반복됩니다. 반복되는 부분을 로 묶어 보세요.

P.32~33

로 묶은 부분이 반복됩니다. 빈칸에 알맞은 모양을 그려 보세요.

로 묶은 부분이 반복됩니다. 빈칸에 알맞은 크기의 모양을 그려 보세요.

P.34~35

STEP 2 반복되는 부분 찾기

반복되는 부분을 찾아 /을 그어 구분해 보세요.

P.36~37

반복되는 부분을 찾고 규칙에 따라 모양을 이어서 그려 보세요.

P.38~39

③ 규칙 완성하기 1

P.40~41

P.42~43

④ 규칙 완성하기 2

P.44~45

3. 앞, 뒤, 옆

P.48~49

① 기준에 따른 방향 1

P.50~51